给孩子的昆虫记 1

GEI HAIZI DE KUNCHONG JI

法布尔和他的昆虫世界

〔法〕亨利·法布尔——著
浩君——编译

民主与建设出版社
·北京·

© 民主与建设出版社，2023

图书在版编目 (CIP) 数据

给孩子的昆虫记 . 法布尔和他的昆虫世界 / （法）亨利 · 法布尔著 ; 浩君编译 . -- 北京 : 民主与建设出版社 , 2023.1

ISBN 978-7-5139-4057-3

Ⅰ . ①给…　Ⅱ . ①亨… ②浩…　Ⅲ . ①昆虫－少儿读物　Ⅳ . ① Q96-49

中国版本图书馆 CIP 数据核字（2022）第 233371 号

给孩子的昆虫记 . 法布尔和他的昆虫世界
GEI HAIZI DE KUNCHONG JI. FABUER HE TA DE KUNCHONG SHIJIE

著　　者　〔法〕亨利 · 法布尔
编　　译　浩　君
责任编辑　顾客强
封面设计　博文斯创
出版发行　民主与建设出版社有限责任公司
电　　话　（010）59417747　59419778
社　　址　北京市海淀区西三环中路 10 号望海楼 E 座 7 层
邮　　编　100142
印　　刷　金世嘉元（唐山）印务有限公司
版　　次　2023 年 1 月第 1 版
印　　次　2023 年 1 月第 1 次印刷
开　　本　670 毫米 ×960 毫米　1/16
印　　张　8
字　　数　67 千字
书　　号　ISBN 978-7-5139-4057-3
定　　价　158.00 元（全 6 册）

注：如有印、装质量问题，请与出版社联系。

目录

MULU

第二部分

第一部分

可爱的大自然

法布尔十分热爱大自然，他记录了很多他与大自然之间的故事，还有他的童年回忆。翻开这一部分文字，你可以领略荒石园的别致风景、欣赏美丽的万杜山风光，还可以跟着童年的法布尔去水塘探险，去观察各种各样的蘑菇和小鸟……法布尔是怎么爱上昆虫的？法布尔的童年是什么样的？读完这一部分的文字，你就明白啦。

荒石园

我一直想在荒郊野外准备一间实验室，然而这并不是一件简单的事情。努力了四十年，我终于等到了有实验室的这一天。

我是在一个荒僻的小山村里找到它的。当地人叫它荒石园，就是一块长不出庄稼的荒地。在这片长期荒芜的土地上，长满了无须我照料的植物。排名第一的是狗牙草，其次是长着刺的矢车菊，在各种矢车菊的身影中，夹杂着凶神恶煞的西班牙刺柊，像蜡烛台似的，枝丫上绽放着火焰一样的红色花朵，刺茎像钉子那么硬。伊利大翅蓟比刺柊要高，那又直又高的茎有一两米高，头上顶着一个玫瑰色的大绒球。在这些蓟类的空隙中，长着荆棘的新枝丫，上面有浅蓝色的果实，拉成绳子状铺在地上。若想观察膜翅目昆虫在荆棘中采蜜，就得穿半高的靴子，不然腿上会被扎出血来。

这就是我的伊甸园——我跟小虫子们相处的地方。它无愧于伊甸园这个称呼，虽说没有一个人愿意在这里种庄稼，但它是膜翅目昆虫的天堂。其实我不喜欢捉虫子，也不擅长做标本，比起被钉死在盒子里的昆虫，我更喜欢观察正在草地上蹦跳的活虫子。在这个院子里，立着一堵老旧的

墙，历经风吹雨打都没有倒塌，我对科学的热爱就像它一样坚定。

我从没在别的地方见过这么多昆虫。从事各种职业的昆虫都来荒石园里聚会，有猎手、建筑师、纺织工、

组装师、泥瓦匠、木匠、矿工，多得我都数不清了。春天和秋天，沙泥蜂在荒石园的小路边的草地上飞来飞去，寻找金龟子幼虫。荒石园里还有狼蛛的巢穴，里面住着可怕的狼蛛。白边飞蝗泥蜂把家安在我家门槛的缝隙里，每次跨进家门之前，我都得小心点，不然就会踩坏它们的窝，踩伤专心致志干活的工蜂们。关闭的窗框是长腹蜂的家，它贴在墙壁的方石上的窝是土砌的。胡蜂和长脚胡蜂更是家中的常客，它们总喜欢飞到饭桌上，尝尝我摘的葡萄有没有熟透。

这些动物的种类有很多。假如我能跟它们交谈，生活就能增添很多乐趣。无论是旧识或是新友，它们都挤在我眼前的这一方小天地捕食、采蜜、筑巢。当然，我也可以改变观察地点，几步开外的山上就有野草莓丛、岩蔷薇丛、欧石楠树丛。既有泥蜂喜欢的沙层，也有膜翅目昆虫喜欢的泥灰石坡边。我之所以逃离城市回归乡村，正是因为遇见了这些宝贵的财富。

法布尔的一生

1823 年，法布尔出生在法国的一户农民家中，他从小就热爱大自然，喜欢观察各种小昆虫和蘑菇。他家境贫苦，小小年纪就外出打工；不过他的学习成绩很好，后来考入师范学校，毕业后成了一名中学教师。1841 年，他开始了昆虫研究之路。他做了三十年的教师，一直没有放弃对昆虫的研究，还发表了很多论文，获得了自然科学博士学位。他不光喜欢研究昆虫，也喜欢写故事，曾经创作了很多科普读物。1878 年，他完成了第一卷《昆虫记》。直到 1879 年，他才拥有了属于自己的昆虫实验园——荒石园。后来，他又写了好多卷《昆虫记》，记录他在荒石园和周围山上发现的小虫子们。荒石园对他来说很重要，他去世后，人们把他安葬在他最爱的荒石园中。

yàn zi hé má què
燕子和麻雀

yàn zi yǔ má què shǔ yú niǎo lèi ér bú shì kūn
燕子与麻雀属于鸟类，而不是昆
chóng dàn tā men shì zuì cháng jiàn de niǎo lèi suǒ yǐ
虫，但它们是最常见的鸟类。所以，
wǒ xīn xuè lái cháo zài guān chá yán jiū kūn chóng de tóng
我心血来潮，在观察研究昆虫的同
shí yòu xiǎng dào le tā men
时，又想到了它们。

yàn zi zài nǎr dā wō zhù cháo ne zài chuāng hu
燕子在哪儿搭窝筑巢呢？在窗户
hé yān cōng fā míng zhī qián yàn zi zhù zài nǎ lǐ zài
和烟囱发明之前，燕子住在哪里？在
wǎ wū dǐng hé yǒu kū long de qiáng bì chū xiàn zhī qián má
瓦屋顶和有窟窿的墙壁出现之前，麻
què yòu zhù zài nǎ lǐ ne
雀又住在哪里呢？

má què xǐ huan zài jǐ gēn zhī yā de shù chà jiān
麻雀喜欢在几根枝丫的树杈间，

把碎布头、绒线头、干草根、枯树叶、干树皮聚集起来，做成一个很大的空心球，一旁有一个小小的口。这个窝很乱，也很丑，但非常结实，能够经受得住风吹雨打。

我家屋前有两棵高大的梧桐树，整个夏季，麻雀都飞到这儿来居住。小麻雀总是叽叽喳喳地叫个不停，肚子圆滚滚的大麻雀也在这里休息。成年麻雀经常在这儿开“碰头会”，议论白天所发生的事情。从清晨到傍晚，它们络绎不绝地在梧桐树和屋顶之间飞来飞去。

现在我们再来看看燕子吧。经常光临我家的燕子有两种：墙燕和家燕。这两种燕子的习性是不一样的。墙燕不像家燕那样亲近人，它喜欢把自己的窝搭建在很高的地方，但是这个窝又不能被雨水打湿，因此它更喜欢在屋檐下搭窝。家燕不一样，它比墙燕更加信赖人类，它们往往要把自己的窝搭在别人家里。

为了防止它们侵占我的家园，每年春天我都把空房子让给它们住。它们竟然贪心不足，连我的书房也霸占了。我试图阻止，可它们根本不听我的劝告，还是把窝筑在了书房角落里。书房晚间通常都是关着的，而雄燕晚上在屋外过夜。等到雏燕们渐渐长大一些，雌燕也睡到屋外去了。每天清晨，天刚破晓，燕子夫妇就等在窗口，十分伤心地叫着。为了不让这对夫妇伤心，我只好强打起精神，披上衣服进书房开窗，放它们进屋探望儿女。

为什么家燕不害怕人呢？我想它们

在很久以前，和人类就是好朋友了。远古时期的人类住在山洞里，燕子也喜欢住在山洞里，人类与燕子的亲密关系也许就是从那时候开始的。后来人们学会了建造房屋，这种燕子当然也跟着人们搬到屋里来了。

有关燕子的古诗佳句

自古以来，燕子就是一种深受人们喜爱的鸟，很多诗词名篇里都有它们的身影呢！

泥融飞燕子，沙暖睡鸳鸯。——唐 · 杜甫《绝句二首》

燕子来时新社，梨花落后清明。——宋 · 晏殊《破阵子》

旧时王谢堂前燕，飞入寻常百姓家。——唐 · 刘禹锡《乌衣巷》

几处早莺争暖树，谁家新燕啄春泥。——唐 · 白居易《钱塘湖春行》

海燕虽微渺，乘春亦暂来。——唐 · 张九龄《归燕诗》

登上万杜山

在普罗旺斯一个与世隔绝的地方，坐落着一座对我来说非常重要的山——万杜山。它高耸突兀，生长着各种依气候分布的植物，可以供人们研究。从山脚一路走到山顶，你能看到地球上各个地方的植被带，这就相当于一次从赤道到两极的长途旅行，是不是很有趣呢？

我对这座山有着许多的新鲜感和

hào qí xīn qǐ xiān hái yǒu hěn duō péng you péi wǒ pá
好奇心。起先还有很多朋友陪我爬
shān kàn kan shān shàng de fēng guāng dàn hòu lái zài yě méi
山，看看山上的风光，但后来再也没
yǒu rén yuàn yì péi wǒ yì qǐ lái le yīn wèi zhè shì yí
有人愿意陪我一起来了，因为这是一
duàn jiān kǔ de lǚ chéng
段艰苦的旅程。

zǎo shang sì wǔ diǎn xiàng dǎo jiù dài zhe wǒ men shàng
早上四五点，向导就带着我们上
lù le yuè wǎng shàng zǒu wēn dù yuè dī lǜ sè de
路了。越往上走，温度越低，绿色的
gǎn lǎn shù hé xiàng shù màn màn cóng shì yě lǐ xiāo shī le
橄榄树和橡树慢慢从视野里消失了，
rán hòu shì pú tao téng hé xìng shù zài zhī hòu shì sāng
然后是葡萄藤和杏树，再之后是桑
shù hé tao shù bái lì shù wǒ men zǒu jìn le yí
树、核桃树、白栎树。我们走进了一
piàn shí fēn dān diào de dì qū zài wǒ men dōu jī cháng lù
片十分单调的地区，在我们都饥肠辘
lù de shí hou yì xiē shēng zhǎng zài luàn shí zhōng de xiǎo suān
辘的时候，一些生长在乱石中的小酸
mó yìng rù le wǒ men de yǎn lián wǒ men fēng yōng ér
模映入了我们的眼帘。我们蜂拥而
shàng cǎi zhāi zhè měi wèi
上，采摘这美味。

jǔ jué zhe suān suān de yè zi wǒ men jì xù qián
咀嚼着酸酸的叶子，我们继续前
jìn zuì zhōng zài lā gé lā sī quán biān xiū xi zhè lǐ
进，最终在拉格拉斯泉边休息。这里

de jǐng sè hái shi hěn měi de zhēn shì gè shì hé yě cān
的景色还是很美的，真是个适合野餐
de hǎo dì fang wǒ men de shí wù shì duō me fēng fù
的好地方。我们的食物是多么丰富
a wǒ men dài le tú zhe suàn zhī de yáng hòu tuǐ hé miàn
啊！我们带了涂着蒜汁的羊后腿和面
bāo hái yǒu pí jiǔ nǎi lào tí yú guàn tou hé xiǎo
包，还有啤酒、奶酪、鳀鱼罐头和小
niú tuǐ zhè kě zhēn shì lìng rén nán wàng de yì cān dà
牛腿。这可真是令人难忘的一餐，大

家都对这些食物赞不绝口，所有人都吃得很多。

只休息了不到一小时，我们又上路了。向导带着行李去了一个羊棚，等我们从山顶回来再跟他会合。我们则继续爬山，等到太阳下山再回来。我看到了毛刺砂泥蜂，几百只毛刺砂

泥蜂成堆地藏在一块扁平的石头下；它们通常是独居的，这种情况是为什么呢？就在这时，下大雨了。糟糕！我最好的朋友在寻找一种稀有植物，跟我们分开了。不到一会儿，我就被大雨浇透了，据我猜想，我的好朋友有可能已经跑回羊棚了。

我边走边用手在空中摸索，最终顺利到达了羊棚。果然，我的好朋友早就在那里躲雨了，等我们换上了干衣服，大家又开始谈笑风生。

凌晨时雨停了，满天的星斗闪闪发亮，空气也变得非常清新，我们要爬上最高的山顶去看日出。太阳升起来了，万杜山三角形的影子投射到了天边，在阳光下泛着紫红色的光。平原在薄雾中延伸，有一片白色棉花糖似的云层在我们脚下飘动着，低处的黑色山峰偶尔会从云层中露出一个调皮的小山角。

这真是个自然博物馆啊！只有你亲自来看过才能体会得到！

气候的垂直分布

我们都知道，地球根据纬度高低分为热带、温带、寒带。每个温度带的植物种类都不同，比如热带有椰子树，温带有梧桐树。可是有时候，生活在不同温度带的植物却可以在同一纬度下出现。这是因为海拔不同的地方，温度也有差异，山顶通常比山下要冷许多，而且海拔越高，温度越低。这样，山上和山下生长的植物就有差别了，甚至山下还是热带植物的天下，到了山顶却可以发现寒带植物，这叫作气候的垂直分布现象。

童年的鸟蛋

我童年时无忧无虑，很喜欢寻找鸟窝和鸟蛋。人到了晚年，就总是喜欢回忆过去，现在就让我来说说这些故事吧。

那是多么幸福的时光啊。清晨，太阳升起，散发出耀眼的光芒。太阳来自哪里？登上高处，我也许就能够找到答案。

我往山坡上爬去，时不时地往上

看。呀，刚刚有什么东西从我脚边经过？原来是一只漂亮的鸟刚刚从藏身的大石板下飞出来，那里有个鸟窝。这是我发现的第一个鸟窝，在鸟窝里共有六个蓝色的蛋，好看极了。雌鸟慌乱地飞着叫着，那时的我还不知道什么是母爱，只想得到它们。不过，小鸟还有两周才能被孵化出来，我只好先带走一个鸟蛋，用来证明我这个伟大的发现。

我不再向上爬了，小心翼翼地握着鸟蛋下山，还在手心里垫了很多柔软的苔藓，以免把它捏烂。在山脚下，我碰上了牧师，他也注意到了我的手，问道：“孩子，你手里是什么东西？”

我伸开手掌，那枚蓝色的蛋就露了出来。

“啊！这是‘岩生’的蛋，你是从哪儿弄来的？”牧师说道。

“山上，从一块石头的底下。”我老实地回答。

牧师说：“你不能这样做，我的孩子。你不该从母亲那里抢走它的孩子；你应该尊重它，让小鸟长大，然后从鸟窝里飞出来。它们可以帮助我们清除庄稼的害虫，是庄稼的朋友。要是你想做个好孩子，就不要再去动那个鸟窝了！”

我答应了，牧师继续散步，我也

回到了家里。刚才牧师那严肃的教诲让我明白，破坏鸟窝是一种糟糕的行为。虽然我还不知道鸟怎样帮助我们消灭害虫，但是我已经明白了，让母

亲伤心是不对的，哪怕是动物母亲都不行。

可是，“岩生”是什么意思？是谁给它们起的名字？若干年之后，我才知道它叫白尾鸟。它在休耕田上进行特技飞行表演时，展开的尾巴就像一只白蝴蝶。

牧师口中随意脱口而出的那个词，为年幼的我打开了一个新世界，我第一次知道，原来动物和植物都有自己的名字。从那时候起，我就暗暗发誓，总有一天，我将用它们的真实姓名，与田野这个大舞台上数以千计的动物演员，还有小路边成千上万朵小花们打招呼。

动物冷知识
DONGWU LENG ZHISHI

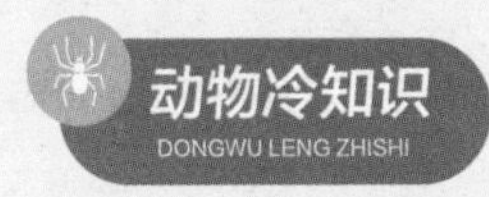

住在石头上的鸟儿

我们都知道，鸟儿喜欢在树上安家，可是自然界中也有这样一群小家伙，有时候会在石头缝里做窝。比如山雀、山麻雀、戴胜等。还有的鸟儿喜欢在岩石上做窝，比如山区的鹰、雕、秃鹫这类猛禽。

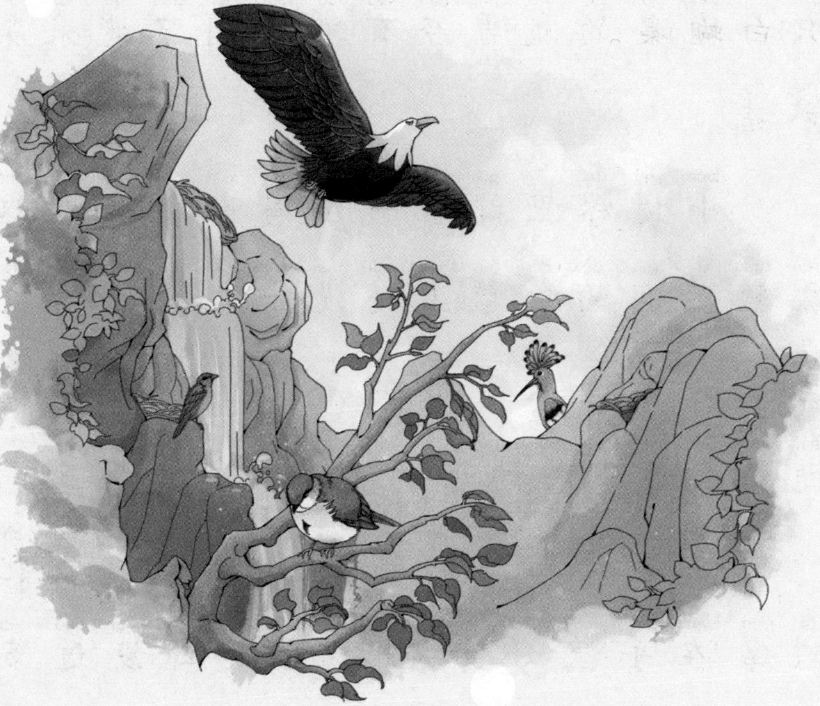

小树林里的蘑菇

童年的我曾经有段时间沉迷采集蘑菇。

小树林里铺着一层苔藓，我在这柔软湿润的地毯上还没走几步，就发现了一个尚未开放的蘑菇，看着就像随处准备下蛋的母鸡丢下的一个蛋。

这是我采到的第一个蘑菇，我把它拿在手里好奇地打量着。没过多久，我又陆陆续续地找到了其他的蘑菇。这些蘑菇形状各异，有的像铃铛，有的像灯罩，有的像平底杯，有的像纺锤，有的像漏斗，还有的圆圆的像半球。它们的颜色也很多。我看到有些蘑菇一瞬间就变成了蓝色，还看到一些烂掉的大蘑菇上爬着虫子。还有一种蘑菇像梨子，它干干的，顶上有个像烟囱一样的圆孔。当我用指尖弹它们的肚子时，就会有一缕烟冒出来，等里面的烟散发完了，就只剩下一团像火绒一样的东西。我在兜里装了一些，随时可以拿来冒烟玩。

我在这片欢快的小树林中获得了无穷的乐趣，就是在那里，在小嘴乌鸦的陪伴下，我懂得了关于蘑菇的基本知识。我采了好多蘑菇，但我的收获物没有得到家人的欢迎。那种被称作“布道雷尔”的蘑菇，在我家人那里名声不好，说是吃了它会中毒。为什么外表那么可爱的“布道雷尔”那么危险呢？我不明白。但是最终我还是相信了父母的经验，所以我一直都

没出什么事。

我得找出规律，这样才容易记住蘑菇叫什么名字。我把自己发现的蘑菇归成三类：第一类最多，这类蘑菇的底部带有环状叶片；第二类的底面衬着一层厚垫，上面有许多的洞眼；第三类有个像猫舌头上的乳突那样的小尖头。很久以后，我得到了一些小册子，我从那上面得知了一些蘑菇的名字。这些书上还写着，那种会冒烟的蘑菇名叫狼屁。这个名称听着挺粗俗的，让我不太满意。

那段美好的童年时光，对有关蘑菇的知识充满特别的好奇心的岁月，现在已经离我多么遥远了啊！确实，岁月在飞快地流逝，作为知识森林中一名普通的樵夫，我还有哪些工作要做呢？我现在还是很喜欢蘑菇，就像小时候那样。在晴朗的秋日下午，我还会去看望它们。那些大脑袋牛肝菌、柱形伞菌和一簇簇红色的珊瑚菌，我总是怎么看也看不够。

我曾经为我见过的蘑菇作画，绘制了几百张蘑菇图。这些蘑菇图无论颜色还是形状，都跟真的蘑菇很像。每周日都有乡亲们来参观这些图，纷纷称赞它们。可惜的是，这些图现在都丢失了。

关于蘑菇的冷知识

可食用的蘑菇虽然属于蔬菜，但它并不是植物，而是一种大型真菌，跟发霉的橘子上的那层青毛（霉菌）是亲戚。

蘑菇没有叶绿素，因此它的生长不需要阳光照射。

有些蘑菇会发光，目前人们已经找到了 70 多种发光的蘑菇。

蘑菇的亲戚还有银耳、木耳，它俩也是大型真菌。

蘑菇不需要开花，也不需要传粉受粉，它可以自己产生“种子”繁衍后代，这种“种子”叫孢子。

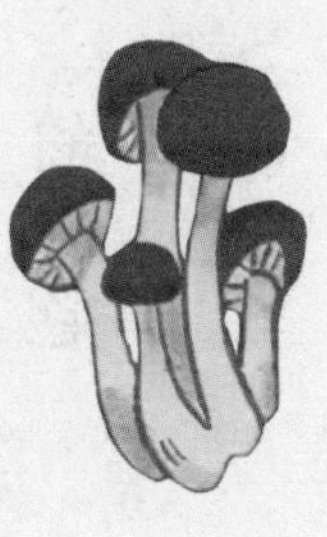

美丽的水塘

步入老年的我，每次看到那片水塘，还是能够回忆起童年那段欢乐的时光，那些与这片池塘有关的欢声笑语。

看这小小的天地中有着多么热闹的气氛啊。绿色的水波中，数不清的小生命们在游玩。看那片黑黑的东西，原来是蝌蚪。还有北螈，它们有橙色的肚皮和柔软的尾巴。龙虱身体里有空气，所以能潜水。灰蝎蝽成群结队地游水，它们挥舞着自己的长手臂，就像鞋匠在使用飞针缝鞋。蜻蜓幼虫的行进方式有些奇特，它们是靠水力器官的倒退而使身体前进的。像珍珠一样闪闪发光的黄足豉虫在水上展示着自己的芭蕾舞艺，不停地旋转自己的身体。

软体动物也很有趣味。黑蚂蟥为了庆祝自己抓到了蚯蚓，站在猎物的身上手舞足蹈。蚊子的幼虫也在不停地旋转着，像一些小海豚。水底还有大肚子的田螺，另外还有椎实螺、扁卷螺和瓶螺。

我回想起了自己的童年，那时候

我只有七岁，水塘给我留下了美好的回忆。家乡的土地不适合种粮食，所以村民们的收成都不好。地主们会养绵羊，因为他们拥有很多的草地。我的家庭很贫穷，我们经常面临着挨饿的危险，爸爸妈妈成天为了这件事睡不安稳。

有一天，他们决定养一些鸭子，之后的日子里我就与小鸭子们为伴

了。我们准备了一个小木桶当作小鸭子的水塘，小鸭子会在里面洗澡。没多久鸭子长大了，水桶不够用了。那么怎样才能让我的小鸭子们有地方玩呢？

我想到了一处宝地，那是一个水塘。我带着小鸭子们来到这里，它们玩得非常尽兴。水塘里的水又浅又暖，中间还有一个碧绿的小岛。这里动物很多，有蝌蚪，有田螺，还有各种各样的小鹅卵石。我收集了很多漂亮的石头，把衣服口袋划破了，回家还挨了爸爸妈妈的骂；因为他们没钱为我做新衣服，还因为我收集的东西既不能吃，也不能卖钱，我因此流下了委屈的泪水。

在那个年代，这样的责骂对我的爸爸妈妈来说是很正常的。我家非常贫穷，爸爸妈妈当然希望我带回来一些可以吃或者可以帮他们省钱的东西。在他们眼里，只有能拿来换钱或者代替钱的东西才是好的，他们才不在乎自然界有什么好玩的事物。

尽管如此，后来的我对科学探索仍然很有兴趣。我认为，我们应该多去发现世界的奇妙，当然，在探索的路途中我们也许会遭受打击。可是，让我们振作起来，在这样一个恶劣的世界中继续前行吧。假如每个人都能为这个世界做出一丁点儿的贡献，那么人类社会将会拥有无穷无尽的宝藏！

在水里产卵的虫

蚊子和蜻蜓都会把自己的卵产在淡水池塘和小水洼里，幼虫在水中孵化，成年后才飞上天空。蚊子妈妈可以通过感知空气中的潮气而找到水，但是很多其他昆虫包括蜻蜓在内，都是依靠视力来寻找的。偶尔，它们也会犯错，比如龙虱，有时会在月光照耀的夜晚一头撞到玻璃窗上，因为它们将闪亮的玻璃错当成池塘的水面了。

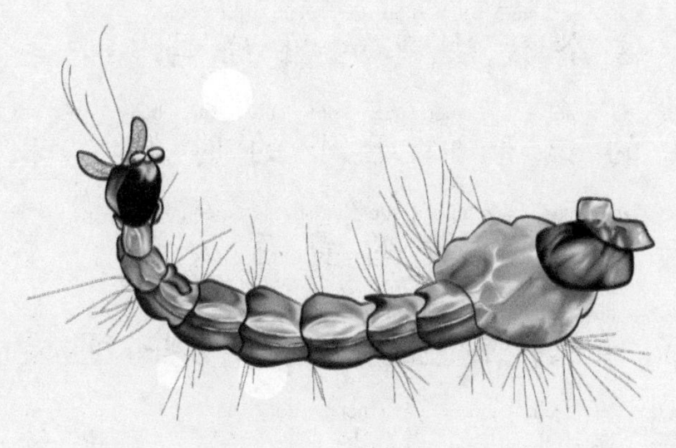

我的猫

我们那里流传着这样一种说法：把猫装在布袋里原地旋转几圈，再把猫带到远方去，猫就不会记得回家的路了。这个说法真的准确吗？

我的孩子们还小的时候，我们收留了一只叫小黄的黄色公猫。后来它找到了女伴，生下了一些可爱的小猫。后来小猫也长大了，继续生小猫，形成了一个大家族。

那年我们刚好要搬家，我们决定带走老祖宗小黄和没长大的小猫们，把它的一只强壮的后代送给朋友。朋友找了个有盖子的篮子带走了猫，可就在当天我们吃晚饭的时候，这只猫又跑了回来。它浑身湿漉漉的，不过见到我们的时候很开心。原来它到了朋友家以后又偷偷跑了出来，还游过了一条河才到家。我们决定带走它，可不幸的是，没多久它就被别人给毒死了。

老猫小黄跟着我们搬到了新家，可是它一点也不开心，完全变了个样，整天闷闷不乐的。过了几个星期，它就静悄悄地去世了。后来我们又带着小黄家族搬了家，那些小猫刚来到新家的时候也有些不安；但是经过辨认发现，家里的家具还是原来的那些，就慢慢地适应了，没有逃走。可是有一只非常健壮的大猫始终记得以前的家，虽然表面上跟大家都非常友好，似乎已经适应了新环境，但趁大家不注意的时候，它跑掉了。我猜它回到了以前的家，就让孩子们回去找，果然，孩子们在那里见到了它。

成年的猫始终知道怎么回到自己的老家，这是一种本能，就像石蜂也会认路一样，任何动物都有自己的本能。为了验证旋转袋子的方法是不是真的有用，我自己也尝试了一下。无一例外，被放在袋子里的成年猫全都能回到原来的家，说明这个方法是行不通的。

或许有的猫在被旋转之后，真的忘记了自己的家，可那多半是只涉世未深的小猫。即使不把它装进袋子，只是给一点牛奶，它的思乡愁绪都会烟消云散，从而忘记曾经的老窝。第一个这么做的人成功了，然后把这个方法告诉第二个人，第二个人再告诉第三个，就这样传开了；可从来没有人认真地做做实验，找出一些证据，因此这个错误的说法还会一直流传下去。

人们一直相信的某些“真理”，起

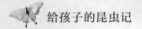

初是那样吸引着我，可这些是建立在偏见之上的，缺乏证据。因此，我们要严谨探究，找到证据之后再做出判断。

我和数学

我曾经是很讨厌数学的，我认为钻研一道数学题，还不如去读一首优美的小诗。可是后来，我竟然会对数学着迷，并且研究了起来。

一次偶然的机会，我给别人上了数学课。有一位年轻人认为我知识渊博，于是来找我，请我为他讲解数学，因为他要参加一个重要的考试。啊！天真的求教者，我的数学可没有这么好！但我还是硬着头皮答应了，也许在这种关键时刻，我也可以快速地学好数学呢。于是，我跟他约定好，让他后天来找我。

可是，现在的我连一本数学书都没有，去买也来不及了。我应该反悔吗？不，我想到了一个绝妙的办法。我去了我的学校，从自然课老师的房间里找来了一本代数书。现在我有书了，当然要好好学习一下。我一页一页地翻着，只觉得书上的内容是那么艰涩。突然，我翻到了有关“牛顿二项式”的那一页，被深深地吸引了。伟大的物理学家牛顿的二项式会是什么呢？我要读一读。让我吃惊的是，我竟然看懂了。那里面有一些字母和符号的组合，看起来很有趣。我就在温暖的炉火前研究着这些题，感觉十分美妙。

到了约定的那天，我的学生来了。我找出小黑板和粉笔，开始勇敢地讲解二项式。这位学生听得津津有味，却丝毫不知道，我这个不合格的老师竟然本末倒置，给他讲的是全书最难的一章。但是我们一起研究得津津有味，把书里的难题给解出来了。意想不到的是，我的学生认为我讲课非常好。就这样，接下来的几天里我们都在一起学习，我会根据他的表情，判断自己的课讲得好不好，争取让他听懂。可喜可贺的是，他顺利通过了他的考试。

通过这件事，我爱上了数学。在自学数学的过程中，我受益匪浅。我就像艰苦开路的领头人，为了获取真理，敲打着书本的岩石。书本只会给我们展示印在纸上的文字，什么也不会多说，更不会给出详细的建议，只能靠我们自己去理解。为了让我的学生听懂这些知识，我还需要自己去加工它们，使它们看上去不那么可怕。但是，我喜欢在这样的岩石堆上提炼，这让我收获良多。

昆虫界的建筑师

在奇妙的昆虫界，也有许多了不起的数学天才。比如我们熟悉的蜜蜂，它们建造的蜂窝十分节省材料且牢固耐用，其中就蕴含了很多几何学知识。比如整个蜂窝是半球形，这样的结构有利于散热；而蜂房是六边形的棱柱，可以最大限度地节省用料，获得足够的支持力。

叶甲在采集树叶的时候，会在树叶上切下一个圆形的小片，为什么不是正方形、长方形呢？因为在直径相同的情况下，圆形面积大，这样叶甲可以多吃到一点树叶。你瞧，小昆虫都会运用数学解决问题，我们可不能被它们比下去呀，赶紧努力学习数学吧！

难忘的化学课

在我读书的学校，化学课和科学课是不被重视的。但我读过一些化学书，知道化学是把一种物质变成另一种物质，但从来没有机会做实验。

有一天，我的自然科学老师想出了一个好主意，他想用学术节的方式庆祝学期结束。他答应带我们探究氧气，并且会把我们带到一间装备齐全的实验室里。为此，我兴奋得一夜没有睡好。第二天，我们几十个同学跟着他来到了实验室。

老师开始操作了。他把一些二氧化锰倒进奇形怪状的蒸馏瓶，据说只要加热它，就可以得到很多氧气。有很多同学挤到前面去，争先恐后地帮老师摆正蒸馏瓶，还用嘴吹火苗。我不喜欢跟他们挤来挤去，而且觉得乱动自己不了解的实验用具是不对的，所以没有凑热闹。我在人群最后面，专心浏览着柜子里的那些成套的化学用具。

这些用具很奇怪，跟日常生活中的器皿完全不一样。有些炉子套着铁皮，上面还有很多小窗户、小圆孔，甚至还带着小小的烟囱。想必这些炉子可以熔化金属，揭开金属的奥秘。还有那大大小小的蒸馏瓶，形状各异，有些还带着长长的弯管。我欣赏着这些奇特的瓶子，感觉它们可真神奇啊！在玻璃柜里，还有一些装满药品的小瓶子，上面贴着各种难懂的标签，我从来没见过这些奇怪的药品名字。

突然，我身后传来“砰”的一声巨响。接着是跺脚声、惊叫声和呻吟声。发生了什么？我跑过去看，原来是蒸馏瓶爆炸了，围在前面的同学多少都受到了影响。其中有一位同学最不幸，爆炸物溅到了他的眼睛里，他

zhèng zài tòng kǔ de háo jiào wǒ men gǎn jǐn bǎ tā chān fú
正在痛苦地号叫。我们赶紧把他搀扶
dào shuǐ lóng tóu biān kuài sù de bāng tā xǐ yǎn jing rán
到水龙头边，快速地帮他洗眼睛，然
hòu cái dài tā qù kàn yī shēng wǒ men de chǔ lǐ fāng fǎ
后才带他去看医生。我们的处理方法
shì duì de tā de yǎn jing méi shén me dà ài dī yí
是对的，他的眼睛没什么大碍，滴一
gè xīng qī de yǎn yào shuǐ jiù huì hǎo shí yàn shì lǐ de
个星期的眼药水就会好。实验室里的
qíng kuàng bìng bú lè guān lǎo shī de yī fu jī hū bèi shāo
情况并不乐观，老师的衣服几乎被烧
jiāo le yǒu jǐ gè tóng xué de yī fu yě bèi shāo de biàn
焦了，有几个同学的衣服也被烧得变
le sè xìng kuī wǒ lí de bǐ jiào yuǎn méi yǒu bèi
了色。幸亏我离得比较远，没有被
bō jí
波及。

yǎng qì méi yǒu zhì qǔ chéng gōng dāng rán zhè ge yǐ
氧气没有制取成功，当然这个已
jīng bú zhòng yào le bù guǎn zěn me shuō zhè yì táng zāi
经不重要了。不管怎么说，这一堂灾
nàn xìng de huà xué kè duì wǒ lái shuō yì yì fēi fán wǒ
难性的化学课对我来说意义非凡，我
yīn cǐ duì huà xué chǎn shēng le nóng hòu de xìng qù yǒu le
因此对化学产生了浓厚的兴趣，有了
xué xí dòng lì zǒng yǒu yì tiān wǒ yào xué xí huà xué
学习动力。总有一天我要学习化学，
jí shǐ méi yǒu lǎo shī wǒ yě yuàn yì zì jǐ zuān yán huà
即使没有老师，我也愿意自己钻研化

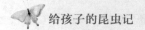

xué zhè jiù shì jiào xué de yì yì suǒ zài ba zuì zhòng
学。这就是教学的意义所在吧，最重
yào de bú shì chuán shòu gěi xué shēng duō shao zhī shi ér shì
要的不是传授给学生多少知识，而是
jī fā xué shēng de xué xí xìng qù
激发学生的学习兴趣。

虫虫冷知识

CHONGCHONG LENG ZHISHI

虫虫化学家

昆虫界不光有数学家，还有很多天才化学家。比如讨厌的蛆虫，它们的口器会分泌出一种蛋白酶，把肉块变成肉汤。还有放屁虫、芫菁、步甲等甲虫，在遇到危险时能够释放出有毒的化学物质，吓退天敌。最厉害的是冷酷的麻醉师泥蜂，可以产生一种类似麻醉剂的化学物质。如果把这种物质注射在菜青虫、蝗虫的体内，它们会像被麻醉了一样一动不动，却不会死去、腐烂。还有可恶的蚊子，在叮咬我们的时候，也会用针一样的口器为我们“注射”一种化学物质，导致我们被叮出红色的包。

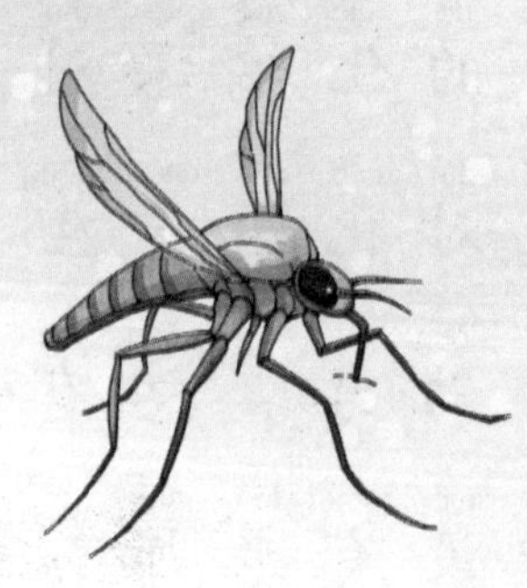

第二部分

奇怪的小虫子

你一定也见过各种各样的昆虫吧？面对这些昆虫，你的小脑瓜里有没有产生这样的问题：为什么昆虫身上有花纹？毒毛毛虫的毒素是哪里来的？为什么苍蝇飞得那么快？昆虫有什么特征？法布尔和你有同样的困惑，所以他对这些昆虫进行了很多研究，还找到了答案。

昆虫的颜色

爱美之心，人皆有之，其实虫子也一样。

比如食粪虫，它们喜欢穿好看的衣服。比如黑粪金龟身体背面披着暗夜般的黑衣，在腹面则为自己抹上黄铜矿石的颜色。有一种蜣螂很漂亮，在阳光下，它能放射出绿宝石的光彩。

除了食粪虫类，还有很多昆虫也

表现出了自己的装饰技艺。比如天蓝色单爪丽金龟，它的身体是一种罕见的蓝色，比天空的蓝更柔美，比海浪的蓝更恬静。吉丁、步甲、金匠花金龟、叶甲等昆虫在装扮自己方面，也都表现得十分出色。有时候，这些华

丽服饰爱好者们聚集在一起，各种美妙的光彩交相辉映，真是美不胜收。

然而，昆虫这些绝美的宝石是从什么矿山中找寻到的呢？它又是如何加工出来的呢？我正在研究。让我们先说一说黄翅飞蝗泥蜂的幼虫吧，它是很好的实验对象。这只幼虫在孵出不久后，透明的皮下就露出一些细小的白色斑点。随后，这些斑点的面积迅速扩大，数量急剧增加。经过实验，我发现这些斑点是尿酸，它们来自血液和尿液。这是昆虫体内产生的一种废物，被幼虫做成了装饰身体的美丽花纹。

还有一位比飞蝗泥蜂幼虫更好看

的色彩达人，这位色彩达人就是大戟天蛾的幼虫。它的身上五彩斑斓，在黑色的打底衫上，还装饰着柠檬黄、朱砂红和雪花白的刺绣。绣花的样式也各式各样，有斑点状的，有星光状的，有彩带状的，各种颜色和形状交相辉映。它的美丽衣服又是从哪里来的呢？剖开幼虫用放大镜看，会发现皮下有一个色素层。里面有一些粘液，有的呈红色，有的呈白色或黄色。我小心翼翼地从这层五颜六色的色素层上取下一片，发现它有很多层，其中有些是尿酸，有些是别的物质。

最好看的是彩带圆蛛。它的身体

色彩斑斓，在花纹设计方面比大戟天蛾更胜一筹。它粗大的腹部表面，有深黑、鲜黄和白色，三种颜色交替成飞舞的彩带，它的胸侧还有一种颜色淡淡的图案向周围扩散，这图案十分抽象，很难看出到底是什么。经过一些复杂的实验，我推测蜘蛛做衣服用的色素是一种生物碱，同样来自它的尿液。

通过研究发现，昆虫所穿的服装都源于它们的尿。尿里的各种物质经过复杂的变化，就呈现了好看的颜色，大自然真是太神奇了。

寿命最长的昆虫

光亮甲虫是世界上已知的活得最长的昆虫。1983 年，在英国埃塞克斯郡普律特维尔的一户人家中发现了一只光亮甲虫，当时，它已至少经历了 51 年的幼虫期。

最小的昆虫

毛翼甲虫和棒状翼的仙女蝇（一种寄生黄蜂）是人们所知道的最小的昆虫。这两种昆虫甚至比某些单细胞原生动物还要小。据测算，没吃饱的单个的雄性吸血带虱和寄生蜂的体重仅 0.005 毫克，而每颗寄生蜂的卵就更小了，它的重量只有 0.0002 毫克，超出常人想象。

飞得最快的昆虫

一般的昆虫，还有像鹿马蝇、天蛾、马蝇和几种热带蝴蝶一类的昆虫，持续飞行时，其最高速度为每小时 39 千米。而澳大利亚蜻蜓在进行短距离的冲刺时，速度可达每小时 58 千米，是世界上已知的飞得最快的昆虫。

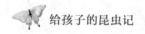

繁殖最快的昆虫

地球上繁殖最快的昆虫是蚜虫。蚜虫是世界上比较常见的一种昆虫，在全世界有2000多种，中国大约有600多种。蚜虫不仅仅种类繁多，其繁殖速度更是惊人，比如说有一种叫作棉蚜的蚜虫，有研究表明，它们基本上4～5天就能繁殖一代；更奇怪的是，刚刚出生4～5天的棉蚜就已经开始繁衍后代，1只棉蚜1年能繁殖20～30代。当然，蚜虫的繁衍习性是不同的，所以它们的繁殖速度不能一概而论，上面讲的棉蚜是胎生的，有的蚜虫是卵生的，卵生蚜虫虽然没有胎生蚜虫那么快的繁殖速度，但是和一般的昆虫繁殖速度比起来也是相当快的。

kūn chóng de dú sù
昆虫的毒素

wǒ men dōu zhī dào rú guǒ nǐ yòng shǒu mō yí xià
我们都知道，如果你用手摸一下
máo chóng nǐ de shǒu zhǐ jiù huì zhǒng qǐ lái yòu téng yòu
毛虫，你的手指就会肿起来，又疼又
yǎng zhè shì yīn wèi máo chóng de cì tài jiān bǎ wǒ men
痒。这是因为毛虫的刺太尖，把我们
de shǒu zhā dào le ma bù wán quán shì
的手扎到了吗？不完全是。

máo chóng de máo cì shàng yǒu yì zhǒng dú sù shì zhè
毛虫的毛刺上有一种毒素，是这
zhǒng dú sù ràng wǒ men de pí fū zhǒng qǐ lái de wǒ xiǎng
种毒素让我们的皮肤肿起来的。我想
gǎo qīng chu zhè dú sù lái zì nǎ lǐ jiù zuò le yì xiē
搞清楚这毒素来自哪里，就做了一些
shí yàn wǒ xiǎng huò xǔ máo chóng shēn shàng yǒu yí gè fēn
实验。我想，或许毛虫身上有一个分
mì dú sù de xiàn tǐ qì guān dàn shì tōng guò jiě pōu wǒ
泌毒素的腺体器官。但是通过解剖我

fā xiàn yǐn qǐ tòng yǎng de máo chóng shēn shàng bìng méi yǒu shén
发现，引起痛痒的毛虫身上并没有什
me tè bié de qì guān wǒ yòu yòng zhēn cóng máo chóng shēn shàng
么特别的器官。我又用针从毛虫身上
qǔ le jǐ dī xiě bìng bǎ zhè xiē xiě tú zài wǒ de qián
取了几滴血，并把这些血涂在我的前
bì shàng guǒ rán nà lǐ de pí fū zhǒng qǐ lái le zhè
臂上，果然那里的皮肤肿起来了，这
shuō míng máo chóng de dú sù cáng zài tā men de xuè yè lǐ
说明毛虫的毒素藏在它们的血液里。

我又做了一些实验，证明松毛虫的毒素是体内的废弃物，存在于血液里，最终会随着尿液排出体外。

毛虫为什么要产生毒素？是为了震慑敌人吗？未必，因为杜鹃非常喜欢吃毛虫，它的胃里装满了毛虫的毛，但是一点中毒的状况也没有。看来长着浓毛的虫子和裸露身体的虫子，没有什么区别。也许所有的蠕虫，身上都有一种毒素。只不过效果不同。

这一次，我选择了蚕。这种皮肤光滑的虫子身上会有毒素吗？我把它的尿液处理了一下，照样贴在胳膊上，这次我的胳膊也肿起来了。看来，这种令人皮肤痛痒、溃疡的毒素，可能存在于所有昆虫的体内。

在蚕的实验后，我选择各种幼虫的尿液进行实验，它们的尿液都引起了痛痒症状，只不过程度不同而已。由此，我可以得出这样的结论：所有幼虫的排泄物都带有毒素。然而，有些昆虫并没有使用自身的毒素，只有很少的一些虫子使毒素产生了真正的损害效果。为什么会有这样的差别呢？仔细观察昆虫的生活习性，就会明白了。

我观察到，喜欢独来独往、没有固定住处的毛虫毒性很弱，而那些群居的毛虫毒性很强。因为群居的毛虫不爱清理自己家里的垃圾，它们家成员众多，尿液也多，它们生活的环境中就会有很多毒素。这些毒素附着在它们的身上，它们出门时，如果我们不小心摸到它们，就会中招。在这个阴谋中，毛虫的尿液提供毒素，而皮毛负责收集和传播毒素。

如果不是进行了深入的研究，我都不会想到，组成昆虫的美丽外衣的材料和它们身上的毒素竟然来源于它们自己的尿！昆虫真是废物利用的高手啊。

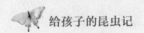

庞大的昆虫家族

地球上数量最多的生物是什么？是人类吗？不是的，是昆虫！看看下面的图就知道了，人类所属的哺乳动物竟然只占了这么小的一部分，真是太不可思议啦！

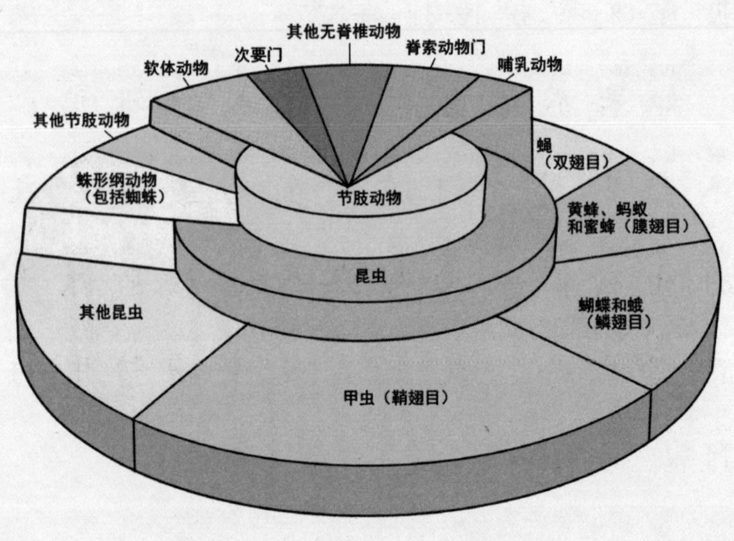

fàn guī de kūn chóng

犯规的昆虫

rén men zǒng shì rèn tóng nà xiē xíng chéng guī zé de shì
人们总是认同那些形成规则的事
qing bú huì qīng yì zhì yí guī zé wǎng wǎng dé dào rén
情，不会轻易质疑。规则往往得到人
men de kěn dìng wéi bèi guī zé de shì wù què huì shǐ wǒ
们的肯定，违背规则的事物却会使我
men chǎn shēng yí huò bǐ rú wǒ men dōu zhī dào kūn chóng yǒu
们产生疑惑。比如我们都知道昆虫有
liù tiáo tuǐ měi tiáo tuǐ shàng yǒu yí gè fū jié dàn yǒu
六条腿，每条腿上有一个跗节，但有
xiē kūn chóng què wéi bèi le zhè ge guī zé
些昆虫却违背了这个规则。

fèn jīn guī de yòu chóng shì wǒ guān chá guo de kūn chóng
粪金龟的幼虫是我观察过的昆虫
zhōng zuì qí guài de yì zhǒng tā de tuǐ yì diǎn yòng yě méi
中最奇怪的一种。它的腿一点用也没
yǒu pá xíng quán kào shēn tǐ rú dòng hòu lái wǒ jiàn jiàn
有，爬行全靠身体蠕动。后来我渐渐

发现，粪金龟幼虫天生就是残疾。粪金龟的幼虫刚孵化出来时，由于腿太细了无法支撑身体，导致后腿的末端离开地面，向背部弯曲。成年后，粪金龟必须独自觅食，还得为它们即将出生的孩子储备干粮。在这种情况下，它们只好把退化的后腿当作压榨机用，例如把粪球压制成粪香肠。不过幼虫的另外两对足倒还算正常，可以帮助它们到处走动。

不过犯规的还有半刻金龟、阔背金龟、麻点金龟，当它们长成成虫时，不仅后足出现了萎缩，就连前足也出现了异常——前足上竟然没有跗节！这是为什么呢？我猜是因为，一只金龟子祖先意外失去了跗节以下的前腿，它意外发现这样很方便，于是它巧妙地把这个特点遗传给了后代，所以我们现在看到的金龟子只拥有一双光秃秃的前足。

沼泽鸢尾象的亲戚们都长着两个爪钩，按照常规，它也应该长两个才对，可是沼泽鸢尾象却少了一个爪钩。是因为没用吗？不是。小爪钩是攀缘器，有了它，象虫可以在光滑的细枝上爬行，还可以倒挂在光滑的蒴果上行走。所以这真是一件奇怪的事。

在茫茫的阿尔卑斯草地上，生活着一种蝗虫——红股秃蝗。这种常年

shēng huó zài wàn dù shān dì qū de huáng chóng jū rán bú huì
生活在万杜山地区的蝗虫居然不会

fēi yīn wèi tā fàng qì le tā de chì bǎng yì bān lái
飞，因为它放弃了它的翅膀。一般来

shuō huáng chóng zài tā yǔ huà hòu dōu huì zhǎng chū chì bǎng
说，蝗虫在它羽化后都会长出翅膀，

dàn shì chéng wéi chéng chóng de hóng gǔ tū huáng réng rán quē shǎo
但是成为成虫的红股秃蝗仍然缺少

chì bǎng
翅膀。

与红股秃蝗相比，蓑蛾更为奇怪。蓑蛾只有雄性才能羽化成蝶，它们披着漂亮的羽饰，就像穿着黑丝绒礼服的绅士，在空中翩翩起舞，但它们似乎不能邀请女士共舞，因为雌虫即使在成年之后，也一直保持着蠕虫的体态。

昆虫界的反常现象真是无处不在啊！不过随着人类知识的进步，这些谜底将会被揭开。在不断研究之后，我们可能会发现世界的秘密，揭开众多“为什么”背后最根本的原因。现在这些谜底还没有完全被揭开，所以，我的工作还没到终点。

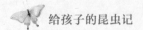

虫虫放大镜

CHONG CHONG FANGDAJING

昆虫的特征

昆虫有什么特征呢？一般情况下，它们的身体明显分为头、胸、腹三部分，每部分都由若干环节组成。昆虫的成虫还有六条分节的足，成对地长在三个胸节上。腿少于六条和多于六条的动物都不是昆虫，腿没有长在胸节上的虫子也不是昆虫，上述这些特征是昆虫最明显的标志。比如蜘蛛、蜈蚣、蚯蚓，就不是昆虫。法布尔在《昆虫记》中，其实也收录了很多不属于昆虫的虫子呢。

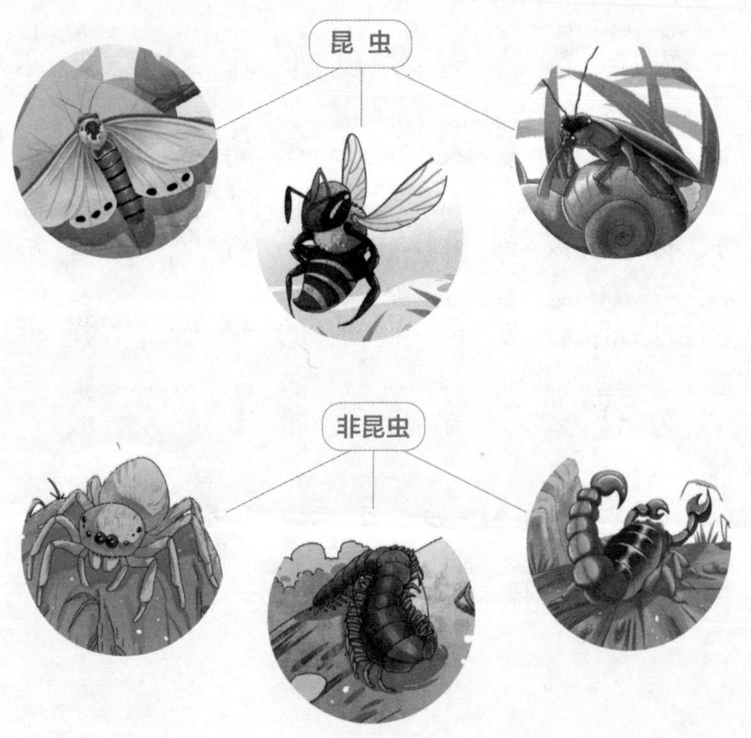

昆虫与蘑菇

昆虫与蘑菇之间有什么联系？这是一个非常有趣的问题。提起蘑菇，就不得不说一说跟蘑菇有关的昆虫。

我们知道有很多种蘑菇都是可以吃的，但也有一些是有毒的。怎么区分呢？经常采蘑菇的人都知道一条常识：生虫的蘑菇是可以吃的，不生虫的蘑菇有毒。昆虫非常善于吃蘑菇，有的喜欢直接啃蘑菇吃，有的喜欢把蘑菇变成液体喝进肚子里。有一种巨须隐翅虫，在鞘翅目昆虫中算是最喜欢吃蘑菇的了，它们最喜欢吃的杨树伞菌模样很丑，但很好吃。有些形状漂亮颜色鲜艳的蘑菇恰恰是有毒的，而某些外表丑陋的反倒是好蘑菇。可以说，昆虫是不折不扣的蘑菇美食家。

可是，这个说法是正确的吗？我准备研究一下。

牛肝菌是一种很好吃的蘑菇，但是，那些切开后变成蓝色的牛肝菌有毒，书上说它们很危险。但蛾幼虫和蛆虫把这种毒蘑菇当作美味佳肴，而且这些昆虫都对普通蘑菇毫无兴趣。

zài sōng lín zhōng yǒu yì zhǒng là là de mó gu jiào yáng rǔ
在松林中有一种辣辣的蘑菇叫羊乳
jūn shuí chī le dōu huì bèi là de dù zi téng dàn yǒu
菌，谁吃了都会被辣得肚子疼。但有
zhǒng rú chóng jiù bú hài pà tā men yǒu zī yǒu wèi de chī
种蠕虫就不害怕，它们有滋有味地吃
xīn là de yáng rǔ jūn wǒ céng jīng zhuā lái zhè xiē kūn
辛辣的羊乳菌。我曾经抓来这些昆

虫，给它们吃普通的蘑菇，可是它们一口也不肯吃。

所以，昆虫的胃与我们的胃不同，我们认为有毒的蘑菇它却吃得津津有味，而我们觉得不错的蘑菇它却不爱吃，因此昆虫根本不能告诉我们哪种蘑菇能吃，哪种蘑菇不能吃。要是根据虫子去判断蘑菇是否有毒，会有很可怕的事发生的。那么，我们要怎么防止蘑菇中毒呢？方法很简单。

我在塞里昂已经住了30年。这里的人爱吃蘑菇，还从没有听说过村里有谁吃蘑菇中毒的事。我经常跑到附近的树林里去，那里有很多采蘑菇的人。我常常能在他们的篮子里看到毒蘑菇，可是他们完全不害怕。我在那些篮子里还见到过环状伞菌，蘑菇专家佩尔松认为它有剧毒。但这也是他们最常吃的一种菌。

人们是如何防止意外的呢？他们总是要把蘑菇用水洗一下，再放在沸水中煮一下，稍微加点盐，接着再冲洗几遍，这就处理妥当了。这种乡下的土方法非常有效，我和我的家人就常常吃那种毒性很强的环状伞菌，但是完全没问题。有时，我也吃一种据说很危险的豹点鹅膏菌，但没发生什么事。这些事实表明，把蘑菇在沸水中漂洗一下，再完全煮熟，是防止蘑菇中毒的最好办法。

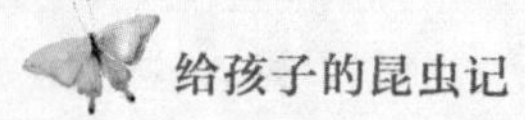

比起蘑菇的口感，我更关心人们的生命安全。人们随时能吃到可口无毒的蘑菇，就是对我的研究的最好回报。

昆虫怎么吃东西

昆虫的嘴巴的学名叫口器，因为食物种类的不同，昆虫的口器也各不相同。有刺吸式、舐吸式、虹吸式、咀嚼式、嚼吸式等几大类。

① 蚊子

蚊子的嘴巴是刺吸式口器的代表。它由一束极细的管子组成，有硬有软，功能不同。硬管子可以刺穿皮肤，吸取人或动物的血液；软的则演化为食管和唾液道。

② 苍蝇

苍蝇的嘴巴属于舐吸式，当遇到液体时，它可以直接用嘴吸；而遇到固体食物时，它则用嘴去“舐”，把固体食物溶解在自己的唾液里，然后再吸食到肚子里。

①
②
③
④
⑤

③ 蝴蝶

蝴蝶的嘴巴是典型的虹吸式。它也是一根细长的管子。平时，这根管子会像钟表发条那样盘卷起来，遇到适合的食物再伸开，美美地吃上一顿。

④ 蝗虫

蝗虫用它的一对被称为上颚的大颌嚼碎植物的叶子，用嘴巴下的触须品尝食物的味道，这种嘴巴叫作咀嚼式口器，跟我们的嘴巴很像。

⑤ 蜜蜂

蜜蜂的嘴巴属于嚼吸式，既可以研磨花粉，又可以伸到花朵中采蜜。

kūn chóng jiàn zhù jiā
昆虫建筑家

zài kūn chóng jiè， yǒu hěn duō jīng tōng jiàn zhù jì
在昆虫界，有很多精通建筑技
shù hé jǐ hé xué de shè jì shī。
术和几何学的设计师。

bǐ rú huáng bān fēng yī kào zì jǐ jīng zhàn de jì
比如黄斑蜂依靠自己精湛的技
yì， lì yòng shéng tiáo wèi zì jǐ xiū jiàn le yí gè yóu
艺，利用绳条为自己修建了一个由
xiǎo gé jiān lián jiē qǐ lái de zhù suǒ。 tā de jié zuò
小隔间连接起来的住所。它的杰作
shì zài hěn duǎn de shí jiān nèi wán chéng de， wài xíng jiù
是在很短的时间内完成的，外形就
xiàng yí gè jiǔ bēi， yòu xiàng shì yì dǐng cū zhān mào。
像一个酒杯，又像是一顶粗毡帽。
tā yǒu chà bu duō bàn gè xìng zi nà me dà， mō qǐ
它有差不多半个杏子那么大，摸起
lái yǒu tiān é róng de gǎn jué， shèn zhì bǐ tiān é róng
来有天鹅绒的感觉，甚至比天鹅绒

还要细腻柔软。小隔间由一个一个的棉袋子组合起来，由于缺少空间，它们都被挤压变形了。然而这并不影响黄斑蜂的居所成为精巧无比的艺术品。

卵石石蜂的巢穴在还没有完全建好的时候，看起来就像是一个用石子搭建起来的棱堡。这是因为它们为了节省涂抹墙壁的材料，在砂浆凝固之前，用一些比较碎小的砾石嵌在墙壁中。这种方式同样能够增加房屋的牢固程度。卵石石蜂在坚实的地面上刮下一些粉末，然后用自己的唾沫把它们制成砂浆。这就是它们用来糊墙的水泥。在整个工程开工之前，卵石石蜂会先在卵石上勾勒出一个几何形状的小塔。

泥水工筑巢蜂凭借自己的审美建造了一间蜂房，里面还有一个圆柱体。这些蜂在建造第一个蜂房的时候是没有任何要求的，然而后面所要建造的蜂房都要以第一个蜂房为基础。让两间蜂房合用一堵墙壁可以节省建筑材料，而且能够使整个蜂巢更加牢固。它还将圆形的小蜂房变成不规则的多边形。这样一来，每个蜂房之间的空隙就由多边形的角填满了。圆柱体的形状虽然被改变了，但是每个小蜂房的容积保持不变。这种形式的蜂房对于幼

chóng de shēng huó shì fēi cháng yǒu lì de
虫的生活是非常有利的。

hēi zhū fēng wèi zì jǐ yòu chóng zhǔn bèi de wéi yī de shí wù jiù shì zhī zhū， zhè zhī zhī zhū bèi guān zài xiàng yīng tao hé yì bān dà de xiǎo ké lǐ， xiǎo ké de wài miàn yǒu yì jié yì jié de zhā huā gǔn biān xiū shì。 dān gè de nián tǔ ké kàn qǐ lái jiù shì yí gè méi yǒu
黑蛛蜂为自己幼虫准备的唯一的食物就是蜘蛛，这只蜘蛛被关在像樱桃核一般大的小壳里，小壳的外面有一节一节的扎花滚边修饰。单个的黏土壳看起来就是一个没有脑袋的椭圆形物体，是一个非常规则的形状。

比起黑蛛蜂，阿美德黑胡蜂的筑巢技术更加高明。它们能够把自己的巢穴建造得像小亭子一样精美。在巢穴的顶部有一个洞口，是为了给幼虫送食物的。假如食物已经非常充足，而且里面有一粒卵，那么蜂房的洞口就会被堵住。

小昆虫是怎么学到这些高超的建筑技术的呢？这是它们的本能，它们的老师是神秘的大自然。只要多多观察，你会发现更多有关昆虫的小秘密。

虫虫冷知识
CHONGCHONG LENG ZHISHI

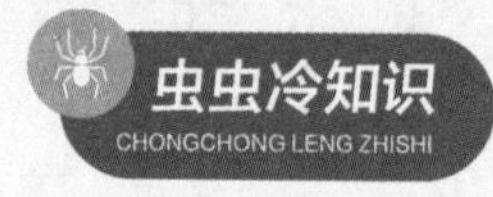

向昆虫学习

昆虫是天生的建筑学家，很多时候比人类还懂建筑技术呢！人类也发现了昆虫做窝的高明之处，于是仿照昆虫的家做出了很多好东西。比如内部设计成蜂窝结构的轮胎，既不用充气，也不担心被扎爆的危险。在一个叫津巴布韦的国家，人们还仿照白蚁的家，设计出了一种十分通风的房子，夏天待在这座房子里会感到十分凉爽，甚至都不用开空调降温。

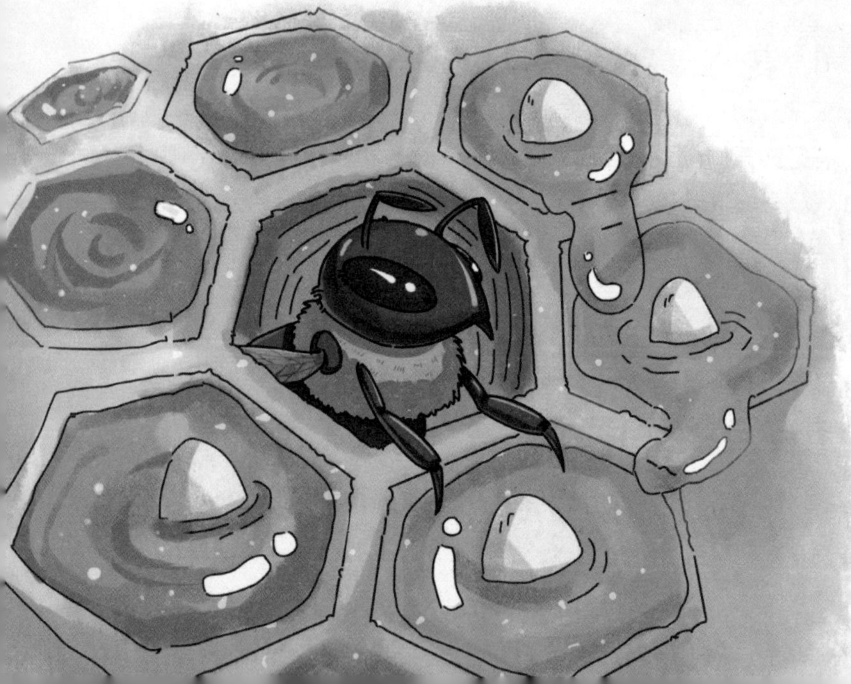

昆虫的昏迷

昆虫有死亡和假装死亡的概念吗？这个问题一直困扰着我。

我们知道，人类是有这个概念的，就连小孩子也懂。前不久我家的一只小猫生病死掉了，我四岁的女儿安娜很伤心。尽管没人告诉她小猫死了，她也非常明白，小猫再也不会陪伴她了。那昆虫会懂吗？

一些动物可能也有死和装死的概

念，比如火鸡。我曾经把火鸡的脑袋按在它的翅膀下面，然后摇晃它的身体，没一会儿，火鸡就倒下了，直挺挺地躺着，好像已经没有了生命。可是没过一会儿，火鸡又拍拍翅膀站了起来，好像刚才什么事也没发生。我还在鸡、鸭、鹅的身上做了这个实验，实验证明，体型越小的生物，昏迷的时间就越短。

那么昆虫在遇到危险的时候会装死吗？我得做个实验看看。

我在一个瓶子里装了几只昆虫，然后在瓶子里放一些乙醚，很快，它们就都四脚朝天地倒下了。这些昆虫是被熏晕了呢，还是感到危险之后假装晕倒了呢？我把它们从瓶子里救出来，没一会儿，它们慢慢地抖动了几下身子，摇摇晃晃地翻了个身，然后不紧不慢地溜走了。

这些虫子是在装死还是晕倒了呢？我认为它们是真的晕倒了，不是

装死。如果它是因为遇到了危险，假装死掉，那在脱离危险之后，它应该立刻就爬起来才对。刚才这只虫子的表现，怎么看都像是从昏迷中苏醒过来的样子。

那么，昆虫会自杀吗？我听说过，蝎子在被火圈包围的时候，会用自己的毒针刺死自己。现在我决定用蝎子做个实验，看看它是不是真的会刺自己。我把一只蝎子放在一个小小的火圈中间，它起初还在不知所措地东张西望，可是在高温的炙烤下，没一会儿它就倒下了。我以为它已经自杀了，就把它拿出来，放在它喜欢的沙地上。可是很快，这只蝎子又慢慢苏醒了。由此可见，刚才蝎子只是因为受不了火焰的高温，被热晕了，并没有自杀。

通过这些实验，我基本可以判断，昆虫是没有“死亡”的概念的，它们不会装死，也不会故意寻求死亡，不会轻易放弃自己的生命。虽然在遇到危险时，它们可能会昏迷，可是一旦脱离危险，它又会苏醒过来，摇摇晃晃地走开，继续活蹦乱跳。

由此可以看出，它们多么珍爱生命呀，这一点值得我们去学习。

kūn chóng lǐ de zhí wù xué jiā
昆虫里的植物学家

hěn duō kūn chóng dōu zhī dào zì jǐ yīng gāi zài nǎ lǐ
很多昆虫都知道自己应该在哪里
chǎn luǎn yǐ jí zěn me wèi yǎng tā men de hái zi jiù
产卵，以及怎么喂养它们的孩子。就
xiàng hěn duō yǐ zhí wù wéi shí de kūn chóng tiān shēng jiù zhī
像很多以植物为食的昆虫，天生就知
dào fēn biàn hé shì de zhí wù
道分辨合适的植物。

qī yuè tiān niú mǔ qīn duì xiàng shù gàn jìn xíng zhe
七月，天牛母亲对橡树干进行着
tàn cè xuǎn zé zuì jiā de chǎn luǎn dì diǎn xuǎn hǎo zhī
探测，选择最佳的产卵地点，选好之
hòu tā jiù bǎ luǎn chǎn jìn shù gàn lǐ bā yuè yǐ
后，它就把卵产进树干里。八月，以
huā duǒ wéi qī jū dì de jīn jiàng huā jīn guī zài huā duǒ shàng
花朵为栖居地的金匠花金龟在花朵上
chī dōng xi shuì jiào rán hòu zài yì duī fǔ làn de shù
吃东西、睡觉，然后在一堆腐烂的树

yè lǐ zhǎo dào yí gè wēn nuǎn de dì fang chǎn xià tā de
叶里找到一个温暖的地方，产下它的
bǎo bao kūn chóng mǔ qīn chú le zhī dào zì jǐ yīng gāi rú
宝宝。昆虫母亲除了知道自己应该如
hé chǎn luǎn zhī wài duì zì jǐ de yòu chóng háo bù guān
何产卵之外，对自己的幼虫毫不关

心。不过也不用担心，因为天牛幼虫孵化之后，会自己去吃树洞周围的木头。金匠花金龟幼虫也不需要寻找食物，因为它们就出生在糜烂的牧草树叶上面，根本不担心饿肚子。天牛妈妈和花金龟妈妈非常聪明，它们选择的植物都是无毒的，小宝宝只负责吃就好。

象虫科昆虫很会分辨植物，它们喜欢在小花上产卵，可不是所有的花都能被它选中，它只选气味不刺鼻、花瓣花蕊质地柔软又没有毒的小花，只有这样的小花才适合当作它宝宝的食物。色斑菊花象对蓝刺头情有独钟，它们不会寻找其他的植物进行产卵，也只有蓝刺头的蓝色花球是它们的育儿房。

菊花象天生就知道的事情，我却只能通过后天的学习才能获得。虽然不同的蓟草对于我来说很难区分，然而菊花象却在夏天毫不犹豫地从一种蓟草那里飞向另一种蓟草。菊花象知道这些蓟草同属于一个科类，它的这种感觉从来都没有出过错。而我们出门旅游时，却在那些看起来很像的小旅店跟前犹豫不决。

促使菊花象对植物进行分辨的是一种叫作本能的东西，这种本能能够为它们提供非常确切的信息。菊花象可以不经过学习就知道如何对植物进行区分，但是人类却要靠学习来掌握。如果说菊花象的植物天赋是它的本能，那么我们人类的天赋则是智慧。在本能的驱使下，菊花象学会了分辨植物，可是别的事情可能就做不到了，因为它没有这样的本能。而人类拥有智慧，可以学会各种各样的技能。

不同于菊花象无须学习就拥有的本领，我的智慧需要经过不断的学习才能获得。就像在迷失道路之后重新找到道路，经过反复之后才能自由飞翔。这就是人类与动物的区别，智慧可以让我们不断前进，探索未知事物，而动物只能依靠本能生活，不会去思考更多。

有趣的象虫

象虫性迟钝，行动缓慢。很多象虫的后翅退化，不能飞，生活在地面上。有后翅的种类一般也不善于飞翔。只有一些大眼象行动敏捷，还会飞。为了躲避天敌，当它们感受到危险信号时，就从自己住的那朵花上掉下来，以假死的方法自我保护。在假死时，它们把喙和触角收到胸沟里，把脚紧紧收拢，使它们的敌人误认为这是一粒鸟粪或一块土块，从而保住自己的生命。

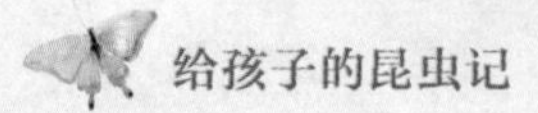

矮个子昆虫

世界上没有两片完全相同的树叶，也没有两个性格完全相同的人。品种相同的两只昆虫，外表有时候也会出现很大的差别。

在一次偶然的情况下，我遇到了一对蒂菲粪金龟。雄蒂菲粪金龟身材瘦弱，身高只有12毫米，正常情况下这种雄性昆虫一般都会长到18毫米。除此之外，就连它们特有的胸前那三根并排长矛都出现了畸形：正常情况下这三根刺都应该弯向头顶，但现在中间那一根又短又小，两侧的两根也只长到和眼睛等高的位置。

这是为什么呢？我猜，是因为它在幼年时期没有得到充足的食物，影响了它的发育。为了得到确切的答案，我决定把它们“圈养”起来。而不幸的是，它们太娇气了，没多久就死掉了。我只好选择了那些身体健康、胃口较好的圣甲虫。圣甲虫会把粪球揉成大小不同的梨形，分配给每一只幼虫。我在五月初做了一项削减食物的实验。我把四个包裹着虫卵的粪梨横向切开，给每只幼虫的食物分量减半。可能是环境不合适，两只幼虫很快就死掉了。剩余的两只幼虫顺利地长大了，可是身材确实比别的同类矮小一些。

那么，如果给昆虫提供很多食物，它会长成巨人吗？我又用花金龟做了一次实验，这次我抓了三组花金龟幼虫，每组12只。我给第一组的花

金龟放了吃不完的食物，第二组花金龟只给了一半食物，第三组完全不提供食物。等到花金龟成熟的日子，我去查看了一下，发现食物充足的那一组花金龟全都长得很好，但是并没有变成“巨人”，体型很正常。没提供食物的那组花金龟全都被饿死了，而提供了少量食物的那一组也死掉了一大半，只剩一只还活着。这只活着的花金龟身材比同类矮小很多，但是外观一切正常，没有缺少什么器官。它的身体很虚弱，只想睡觉，见到美味的无花果也没有胃口。我现在基本可以确定了，在缺乏食物的情况下，昆虫幼虫确实不会长成正常的成虫。

可是，这种矮个子昆虫可以繁殖后代吗？后代也会变得矮小吗？这个实验有些难，但是我想用植物来试一下。我找到了一些身材矮小的植物结出的种子，种在土里。没过多久这些种子长大了，并且长成了正常大小的植物。这就说明，因为营养不良造成的矮小是不会影响它们繁殖的。

昆虫为什么长不大

我们都知道，小朋友要好好吃饭才会长高，昆虫小时候也是一样。除了食物不充足这个原因，还有什么原因会让昆虫长不大呢？另一个重要的原因是生长激素。跟我们一样，昆虫的生长也需要激素的参与。有些昆虫体内的生长激素不够多，就只能长得小小的。有时候环境太冷或者太热，都会影响昆虫体内激素的分泌。

昆虫怎么飞

你打过苍蝇吗？苍蝇总是灵活地到处乱飞，甚至头朝下停在墙壁上，让人很难打到它。你有没有想过，昆虫为什么飞得这么快？

大多数昆虫成年后都会飞，这是为了躲避天敌和寻找更多的食物。昆虫的飞行能力早在距今3.54亿～2.95亿年前的石炭纪就进化出来了。昆虫是怎么学会飞行的呢？有的人说，早期的昆虫先学会了滑行，然后是盘旋，最后才学会舞动翅膀。还有一些人认为，昆虫一开始就会挥舞翅膀。不过后来，有的昆虫把一部分翅膀进化成了盔甲，比如甲虫就是这样。还有些昆虫把翅膀变得又大又有力，比如蜻蜓。

昆虫翅膀振动的形式十分复杂。翅膀向下拍时，前缘向下倾斜；翅膀向上拍时则向上倾斜。对蝇类而言，每次振翼后会自动盘旋翅膀。昆虫的骨片上有一些肌肉，它们连接着翅膀，使翅膀振动起来。

如果昆虫想要在空中改变方向，可以让一侧的翅膀震动速度变慢，或者像蚱蜢那样，用腿来帮助自己改变方向。

昆虫的飞行技巧非常高超，有些昆虫可以原地盘旋，在其翅膀扇到最高处时同时拍打，然后从前面分开翅膀，使空气如旋涡状流通，从而产生举升力。蜻蜓、食蚜蝇及黄蜂盘旋时身体呈水平状，利用浅浅的振翼盘旋。

飞行是一件很消耗能量的事情。肌肉快速运动会消耗很多能量，之后就会产生相当可观的热量，使昆虫的体温升高。所以，飞行肌肉已适应了在高达40℃的环境中工作，许多昆虫必须先晒太阳或振颤翅膀来预热，这样

cái néng shùn lì qǐ fēi dài huáng fēng jiù bú yòng dān xīn zhè
才能顺利起飞。大黄蜂就不用担心这
ge wèn tí yīn wèi tā men shì rè xuè shēng wù tǐ nèi
个问题，因为它们是热血生物，体内
hěn róng yì chǎn shēng zú gòu de rè liàng dāng tā men zài hán
很容易产生足够的热量。当它们在寒
lěng de zǎo chen kāi shǐ qǐ fēi shí kě yǐ bú yòng yù
冷的早晨开始起飞时，可以不用预
rè ér qí tā kūn chóng kě néng gēn běn wú fǎ zài zhè me
热，而其他昆虫可能根本无法在这么

低的气温下飞起来。

飞行昆虫就像一架小飞机，它们拥有灵敏的感觉器官和操控器官，能够快速感知周围环境的变化，及时躲避危险。比如苍蝇，它的大眼睛上有无数个小小的复眼，可视范围很广，所以当我们想去打它的时候，它早就注意到我们的苍蝇拍啦。因此它可以灵活地躲过攻击，比我们的手速还快。

也不是所有的昆虫都会飞，有些生活在小岛上的昆虫就不会飞。因为小岛上风很大，它们又很小很轻，一旦在空中飞行，容易被吹到海里去。还有的昆虫受季节的影响，后代有的

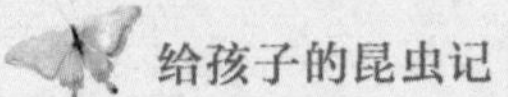

huì fēi yǒu de bú huì fēi bǐ rú yì xiē yá chóng jiù
会飞，有的不会飞，比如一些蚜虫就

shì zhè yàng
是这样。

昆虫怎么飞

会飞的昆虫是怎么起飞的呢？在飞行时，它的翅膀是怎么运动的？昆虫翅膀向上拍时，背腹部肌肉将背板垂直向下拉，翅膀随之升起，胸腔被拉长，使水平肌肉扩张。当肌肉收缩时，背板升高，把翅膀向下推。某些昆虫就通过利用肌肉改变翅膀的倾斜度或振幅来间接辅助飞行。

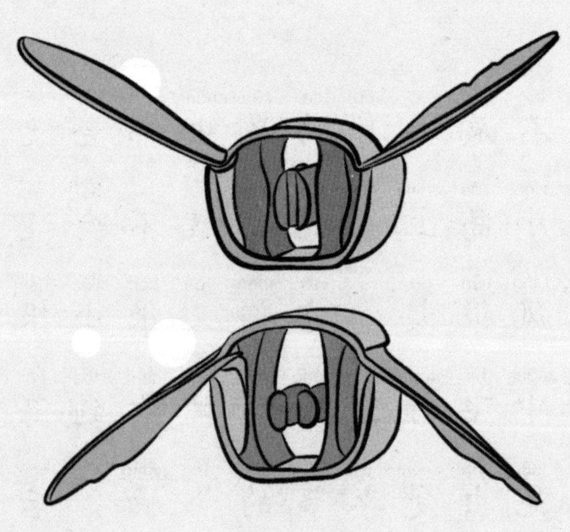

kūn chóng de huà xué wǔ qì
昆虫的化学武器

zhī qián wǒ men jiǎng dào yǒu xiē máo chóng shēn shàng de
之前我们讲到，有些毛虫身上的
dú sù shì tā men de pái xiè wù tā men bìng bú shì gù
毒素是它们的排泄物，它们并不是故
yì zhì zào dú sù fáng yù dí rén de dàn shì yǒu yí lèi
意制造毒素防御敌人的。但是有一类
kūn chóng zé bù rán tā men zhuān mén xǐ huan fàng dú
昆虫则不然，它们专门喜欢放毒。

wǒ men dōu zhī dào yǒu zhǒng jiào fàng pì chóng de chóng
我们都知道，有种叫放屁虫的虫
zi huì fàng chū nán wén de qì tǐ tā shì qì bù jiǎ shǔ
子会放出难闻的气体。它是气步甲属
de jiǎ chóng zài wēi hè qián zài de dí rén de shí hou
的甲虫，在威吓潜在的敌人的时候，
huì pēn chū gǔn tàng de kūn yì zhǒng yǒu dú de huà xué
会喷出滚烫的醌——一种有毒的化学
wù zhè zhǒng dú sù hěn lì hai zhān dào rén shēn shàng de
物，这种毒素很厉害，沾到人身上的

话，会让人皮肤上起疙瘩。这些毒素沾到动物身上可就没这么简单了，特别是蟾蜍和蜥蜴这种皮肤又薄、还没穿毛大衣的家伙，是绝对不敢招惹它的。

放屁虫会被自己的“屁”毒倒吗？不会的，这些毒素是它遇到危险时现场制作出来的，在被制作出来之前，它们只是一些无毒无害的物质。放屁虫体内有个小小的腺体，可以快速制造这种毒素，然后把它储存在外骨骼内侧的腹部小腔中。制造这种毒素的过程中会产生氧气，一旦氧气足够多，就可以形成推力，能把醌“噗”的一声从腹部末端的一个小嘴喷射出去。

刚喷出来的毒气是有点热的液体，但是很快，它就会变成刺激性的气体，甚至形成一小片烟雾。放屁虫的屁股是会转动的，这样它就能向任何方向瞄准，也能向前伸和向后缩，就像一架非常精确的大炮。最厉害的是，它能一点一点地喷射，一直持续到毒液库存货被耗尽。

不光这种虫子，很多躲在暗处的甲虫也会喷射醌，只是身体没有放屁虫那么灵活，只能朝着一个方向喷射。为了精准打击天敌，把毒液喷到别的动物的脸上，有些拟步甲属的甲虫会低下头，同时高高地抬起腹部，

jiù xiàng yí jià jiǎ chóng gāo shè pào
就像一架甲虫高射炮。

zhè xiē huì fàng dú qì de chóng zi zhè me chāng kuáng
这些会放毒气的虫子这么猖狂，

nán dào bié de dòng wù jiù ná tā men méi bàn fǎ le ma
难道别的动物就拿它们没办法了吗？

jǐn guǎn zhè xiē fàng pì chóng de ròu wèi dào hái bú cuò kě
尽管这些放屁虫的肉味道还不错，可

shì yǒu xiē pá xíng dòng wù jué duì bù gǎn zhāo rě tā tè
是有些爬行动物绝对不敢招惹它，特

别是吃东西喜欢一口吞掉的蟾蜍，吃它们就会中毒，不中毒也要长满嘴的疮。那要怎么办呢？难道它就没有天敌吗？

有一种老鼠可不害怕它，这种老鼠很聪明，每次抓到放屁虫的时候，做的第一件事就是迅速把放屁虫的屁股插进沙子里面，然后从放屁虫的头开始吃。等老鼠吃完放屁虫的头，去吃身子和屁股的时候，放屁虫体内的毒素也都被排掉啦。

虽然放屁虫也有天敌，但假如它们体型再庞大一点，连老鼠都拿它没办法的话，那将是多么可怕的事情啊！

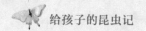

昆虫里的毒药专家

除了放屁虫，还有很多昆虫能制造毒素。很多狩猎蜂类如泥蜂会制造麻醉物质，把自己捕获的猎物麻晕。有些蚂蚁的口水里也有毒，如果被这类蚂蚁叮咬，皮肤会肿起来。还有著名的“毒王”隐翅虫，虽然它爱吃蚜虫，是一种可以保护庄稼的农业益虫，但它的体液毒性很大，一旦接触人的皮肤，就会让人患上皮炎，严重的话还要进医院呢。如果在野外遇到隐翅虫，最好离它远远的。

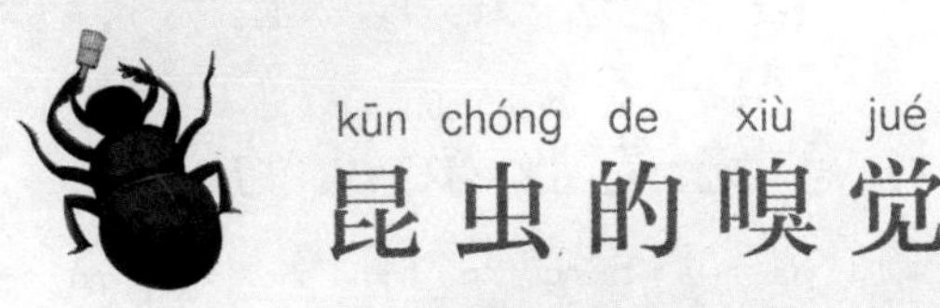

昆虫的嗅觉

在物理学科领域里，有种叫X光的东西，能够穿透不透明的物体，拍摄肉眼看不到的东西。可是，我们在用技术弥补感官上的缺陷的时候，想起那些感觉敏锐的昆虫，又会觉得这些发明是多么的微不足道啊。

动物的感官比人类要敏锐，比如毛虫可以预测天气；狗可以闻到很多我们闻不到的气味；猛禽有双不可思议的远视眼，能够在高空中发现地上的小田鼠。这些例子足以说明，动物在某一方面的感觉是很敏锐的。

我们家乡有一种很好吃的蘑菇叫块菰，它的块根藏在地下，即使是熟悉它的气味的人，也没办法仅凭嗅觉就找到埋在地下的块菰。可是有一种昆虫，为了给自己的宝宝寻找口粮，可以准确地找到块菰所在的位置，即使块菰藏在土里，这种昆虫就是缟蝇。缟蝇挖不动土，如果随便把卵产下来，它的宝宝一定会饿死的。为了让宝宝活下去，它进化出了惊人的嗅觉，可以准确无误地把卵产在埋着块菰的土地上。

我想观察缟蝇，试图弄明白它的嗅觉有多好，可这是很难的，它们飞得很快，而且数量稀少，我追不上。不过我还知道一种喜欢搜寻块菰的家伙，它可以让我好好观察，这就是盔球角粪金龟。它有白白的肚子，圆滚滚的身子，雄虫的头上还长着角，整个身体只有樱桃那么大。

我准备好了块菰和几只盔球角粪金龟，就开始做实验了。我在一只大罐子里盛满沙土，然后在沙土里挖几个2厘米深的坑，把块菰埋进去，上面插了秸秆标记位置，不过虫子们不会认出这种标记。随后我把盔球角粪金龟放进来，两小时后，大部分盔球角粪金龟都准确地找到了埋着块菰的地点，大快朵颐。我发现这些家伙都是一下子就找到了块菰的位置，因为地面上没有多余的坑，可以看出它们并没有到处试探。

块菰的气味很强烈吗？没有，对我们的嗅觉来说，它几乎没有气味，何况是被土埋起来的块菰。但是我们都知道，无论是浓烈的气味还是我们感觉不到的气味，都是由物质的分子构成的。有气味的物质把分子传给空气，分子们又在空气中扩散开。因此，它可以用某种方式被检测出来。

我认为气味像光一样，有它的射线。但愿我们有朝一日拥有气味的X光机，用这种人造鼻子探索奇妙的气味世界。

给气味做 X 光

在法布尔生活的那个年代，科学技术没有现在这么发达，所以没有人能够准确分析气味里有什么成分。但现在我们拥有了法布尔想要的“气味 X 光机”啦，它的名字叫气相色谱仪。这种仪器很神奇，先把要检测的物质气化，再把气体送进机器里，这些气体会在一根又细又长的管子里慢慢散步，再经过色谱柱。被色谱柱这个“X 光机”一分析，气体里有什么成分，它们的量分别是多少，就都被检测出来了。检测数据会以折线图的形式，同步显示在电脑里，方便人们查看。

kūn chóng de xìng bié guī lǜ

昆虫的性别规律

kūn chóng huì gēn jù zì jǐ chǎn luǎn de qíng kuàng zhǔn bèi
昆虫会根据自己产卵的情况准备
bǎo bao shí wù ma wǒ xiǎng zhī dào kūn chóng de luǎn yǒu
宝宝食物吗？我想知道，昆虫的卵有
méi yǒu tè dìng de xìng bié guī lǜ yǐ jí kūn chóng mā ma
没有特定的性别规律，以及昆虫妈妈
shì fǒu zhī dào zhè xiē luǎn de xìng bié
是否知道这些卵的性别。

wǒ shǒu xiān xuǎn zé le yì yú guān chá de sān chǐ bì
我首先选择了易于观察的三齿壁
fēng lái tàn jiū tā men shì fǒu yǒu zhè ge guī lǜ tā
蜂，来探究它们是否有这个规律。它
men zài shù méi de shù gàn lǐ zuò wō zài duī jī hǎo de
们在树莓的树干里做窝，在堆积好的
shí wù shàng chǎn luǎn měi duī jī yì céng shí wù tā men
食物上产卵。每堆积一层食物，它们
jiù chǎn xià yì kē luǎn yīn cǐ hěn róng yì jiù kě yǐ pàn
就产下一颗卵，因此很容易就可以判

断出卵的年龄大小。但可惜的是，我观察了几组幼虫的性别情况，发现这种壁蜂的宝宝性别分布毫无规律可言。这不能怪壁蜂，因为它的寿命只有一个月，它只能在有生之年快速地交配产卵，还要去寻找足够的食物，这可不是一件容易的事。

其他壁蜂的情况怎么样呢？我这次选择了三叉壁蜂。三叉壁蜂妈妈大概很没有耐心，我发现她一开始制造的蜂房很大，里面有大量的食物，后来的蜂房越来越小，储备的食物也越来越少。看起来这位妈妈好像逐渐失去了热情，越来越敷衍。可事实不是这样的，通过观察这些茧，我发现住在大蜂房里的是体型较大的雌性幼虫，而住在小蜂房里的是较小的雄性幼虫。它们的数量规律也很有趣，雌蜂的茧的体积是雄蜂的2～3倍，数量也是雄蜂茧的2～3倍。

除了三叉壁蜂，石蜂也有独特的性别规律。一只石蜂蜂巢里大约有15个卵，因此会有15个蜂房。我收集了几十个石蜂蜂巢，发现在一个蜂巢中，雌蜂的蜂房往往在中央，雄蜂的蜂房在外围。这两种性别的蜂房不会混在一起，总是按照这样的规律分布。跟三叉壁蜂一样，雌性石蜂比雄性石蜂的体型要大。我认为，石蜂先产下了雌性的卵，随后才产雄性的卵。在石蜂的家里，最先出生的那个宝宝一定是雌蜂，而且可以占据中央位置，获得最好的保护。

通过这些事实，我们可以得出一个结论：除了三齿壁蜂之外，多数膜翅目昆虫都是先产下雌性的卵，然后再产下雄性的卵。雄性宝宝得到的食物更少，房间也更小。这种规则符合我们熟知的蜜蜂社会规则：雌蜂和蜂王拥有更多的食物和更大的房子，雄蜂却没有。

在控制宝宝性别方面，小昆虫无疑是最高明的。但其中的科学道理是什么？为什么它可以控制自己的后代性别呢？这些谜底等待我们去揭开。

“没用”的昆虫爸爸

在昆虫的世界里，往往是雌性昆虫比雄性昆虫更加能干，地位也更高。比如泥蜂是由妈妈独自养育长大的，而泥蜂爸爸在交配之后就不见了。还有很多雄性昆虫也是如此，它们除了寻找心仪的伴侣，就是到处游荡，吃喝玩乐，甚至连窝都懒得做。因此，很多相同品种的雌性昆虫天生就比雄性昆虫长得健壮。甚至有些雌性昆虫会吃掉自己的丈夫，比如螳螂。不过，雄性蜣螂和粪金龟却是例外，它们会跟自己的另一半共同建造家园，喂养宝宝，堪称昆虫界的好爸爸。

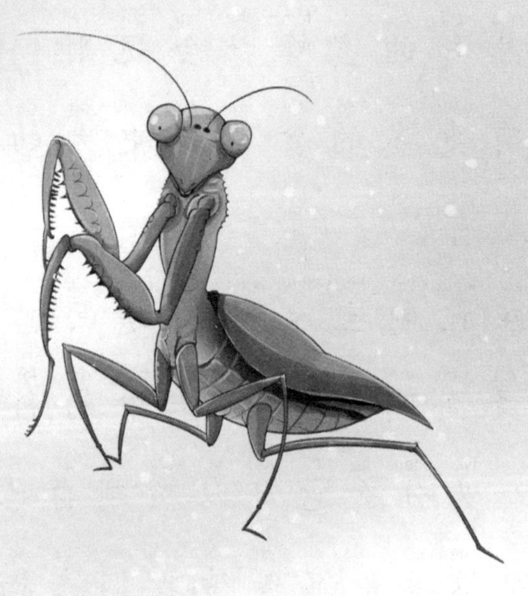